Hilda Glasgow
ou l'esprit de la mode

优雅时装画：
伊尔达·格拉斯戈作品珍藏

内 容 提 要

本书汇集了将近150幅时装画供读者欣赏，这些作品集优雅与精致于一身，完美诠释了20世纪40年代至70年代初期的时代精神、着装风格与流行风尚。其作者纽约著名画家伊尔达·格拉斯戈藉由一幅幅精美速写为时尚与女性唱响了赞歌。在毋庸置疑的艺术品质之外，这些图画同样让我们原汁原味地见证了那个时代的女性生活。

时尚周而复始，永不停歇，故而，对于今天那些希冀与优雅、风度与新颖融为一体的女性而言，这些图画依然可以成为她们的灵感源泉。

原文书名：Hilda Glasgow ou l'esprit de la mode
原作者名：Jen Wittes
Copyright ©Larousse 2014
Hilda Glasgow ou l'esprit de la mode by Jen Wittes, Larousse 2014.
This Simplified Chinese edition is published by China Textile and Apparel Press via arrangement with Larousse through Dakai Agency. All rights reserved. No part of this book may be reproduced in any form without written permission of the copyright owners.
本书中文简体版经 Larousse 授权，由中国纺织出版社独家出版发行。本书内容未经出版者书面许可，不得以任何手段复制、装载或刊登。
著作权登记号：图字：01-2016-4723

图书在版编目（CIP）数据

优雅时装画：伊尔达·格拉斯戈作品珍藏／（美）珍·维特编；治棋译. --北京：中国纺织出版社，2017.4

ISBN 978-7-5180-3284-6

Ⅰ．①优… Ⅱ．①珍…②治… Ⅲ．①时装-绘画-作品集-美国-现代 Ⅳ．①TS941.28

中国版本图书馆CIP数据核字（2017）第025534号

责任编辑：王 璐 责任校对：楼旭红
责任印制：王艳丽

中国纺织出版社出版发行
地址：北京市朝阳区百子湾东里A407号楼 邮政编码：100124
销售电话：010—67004422 传真：010—87155801
http://www.c-textilep.com
E-mail: faxing@c-textilep.com
中国纺织出版社天猫旗舰店
官方微博 http://weibo.com/2119887771
北京华联印刷有限公司印刷 各地新华书店经销
2017年3月第1版第1次印刷
开本：889×1194 1/16 印张：10
字数：116千字 定价：128.00元

优雅时装画：
伊尔达·格拉斯戈
作品珍藏

Hilda Glasgow ou
l'esprit de la mode
1940 ~ 1970

［美］珍·维特 编

治棋 译

中国纺织出版社

伊尔达·格拉斯戈，摄于1940年前后

前言

　　1974年，也就是我出生那年，我的姨奶奶、那位成就惊人的纽约时装插画师伊尔达·格拉斯戈（Hilda　Glasgow），还远没有结束她的职业生涯。但当我的年龄大到足以了解她、喜欢她的时候，时装插画家伊尔达却被彻底遗忘了。

　　我甚至不能肯定是否准确理解了她的工作性质，是否对那个时代的这样一位女性所获得的专业成就给予了真正公道的评价。

　　我小的时候，她经常送我一些她画的纸娃娃。母亲抚摸着那些完美的作品，似乎有些不敢相信："你看，这些娃娃画得多精美。伊尔达姑姑真不愧是一个时装插画家。"

　　我不太明白这些画都是什么意思，但我很喜欢那些娃娃。我一直在玩着这些娃娃，直到把它们弄成碎片——到今天想起来还很后悔：多想让它们重新出现在我面前啊！不过，伊尔达把它们送给我就是让我玩的，所以它们的使命就是供我摆弄、逗我开心，直到被玩坏。

　　后来，伊尔达又给我寄来了一些首饰——都是她的作品，这是我收到的最早一批"成人"首饰。是通过邮局送来的，装在金色的盒子里，很漂亮。每次她都会写上一句话，不仅有关于宝石的知识，而且还会说明选择这些珠宝送给我的理由："上一次你来找我的时候，我注意到你穿的就是一身紫。"

　　我还记得她和她最喜欢的姐姐、我的祖母李（Lee）如何共同打拼，建起了一家手工艺企业"创意工厂"。在伊尔达最新推出的首饰中，就有她2004年送给我的那件礼物：送给我女儿的用十字绣花布做成的婴儿积木，每块上面都带有"创意工厂"的图案——也是她们产品系列中最著名的一件，因为当时我已经有孕在身。伊尔达也是在这一年去世的，我是在她去世以后收到的这份礼品。对我来说，这些积木始终弥足珍贵，与我女儿把它们拿在手里玩耍的那些照片一样珍贵。就像我的娃娃们一样，这些积木全都被玩旧了——不用说，这正遂了伊尔达的心愿。

从幼年，到少年，再到青年，我每年至少看望一次伊尔达。祖母撇下我们离开这个世界的那一年，我刚满十岁，伊尔达出色地填补了她留下的空白。

每次在曼哈顿小住，最让我难以忘怀的，就是那种无与伦比的自由自在的感觉。见我对纽约一见钟情，深受打动的伊尔达总是听任我熬到深夜，趴在朋友房间的窗户上，倾听夜晚的声音——汽车喇叭、轮船汽笛、笑声、叫声，痴迷于她在那份嘈杂中布置得充满艺术感的安乐窝。

每天早上，她都会邀请我跟她一起准备我最想吃的早点，饭后，我可以随意使用她作画的那张旧桌子，还有她的铅笔、钢笔。十七岁那年夏天，我在伊尔达家度过了一个漫长的周末，那一次，我的私人日记有半本都被我写满了诗歌，画满了速写，布满了我对这座城市里各种难闻的、好闻的气味的深刻感悟——湿润的树叶、卖薄饼的货摊、下水道的蒸气、年代久远的地铁隧道。

伊尔达带我去了咖啡馆、博物馆、冷饮店。她很想知道我对某些绘画与雕塑的感受，对我就政治与生活的一般性看法很感兴趣。因此，我总觉得跟她在一起活得很充实，而且像个大人物一样受到重视。显而易见，伊尔达很拿我当回事，并且很委婉地让我知道，我的人生自有其内在的价值，甚至超出了它的自我判断。她还派我和她的女儿、我的堂妹丽兹一起到格林威治村（Greenwich Village）淘旧货，对我们淘回来的小玩意和带回来的其他宝贝爱不释手——每一次都赞不绝口地夸我们会买东西！

最激动人心的还要属我独自一人在纽约游走的时候，她总是建议我对这座城市作一番探寻，当然少不了给我一些教诲："别离开麦迪逊大街。在中央公园这一带，可不能离家太远。拿份报纸坐到大都会博物馆的台阶上：那可是个观察人群的好地方。"

今天，每当我想起这一切——伊尔达不可思议的一生以及我对这位了不起的姨奶奶的各种回忆，就感觉自己已经与家族中这支充满力量的、富有勇气的、洋溢着创造力的女性血脉彻底连在了一起。

我的曾祖母西尔卡是一位裁缝和商人，曾经竭力激励她的女儿伊尔达相信自己的才能，实现自己的梦想。成年之后，伊尔达就成了全家的财务支柱，在那个时代，像她这样全职工作的女性仍属绝无仅有。最终，伊尔达的孩子丽兹成了职业摄影师。今天，丽兹始终在用自己的企业"白柜"（企业名称，详见后文）向母亲留下的遗产表达着敬意。

某种意义上，所有这些女性都曾经并依然属于"自由职业艺术家"。她们从来不曾获得每次都能遇到又一名新客户、找到另一位新雇主、接到下一笔新生意的保障。她们只是不断磨砺自己的才能，一味埋头工作，坚信她们只要发挥几分创意、拥有无尽雄心，一定能走出属于自己的路。

探究伊尔达的一生，我经常会想到她在纽约的这所公寓里所承受的工作负担：数千小时埋头于画案，画不完的样衣，交完一批又来一批。作为一名自由职业的编辑，我自己也在明尼阿波利斯的住宅里从早到晚忙个不停。大概就像伊尔达一样，为了及时把工作做完而经常占用睡觉时间，作为妈妈还要随时准备为孩子抽出时间。

如同今天的诸多女性一样，伊尔达几乎做什么事都在一心多用，对她的生平作过一番研究之后，我的人生抉择受到了来自不同角度的鼓舞，只是我以前没有意识到而已。

总之，伊尔达的生命在我的身上、我的血液、我的情绪、我的创造冲动中得到了延续。如你所见，有了堂妹丽兹的支持，我将以百般的荣幸为你讲述伊尔达的一生，那是一种鲜活的灵感源泉。

珍·维特
于2014年5月

十岁的伊尔达与妹妹佩丽娜

伊尔达·格拉斯戈的创意人生

乌克兰移民之女

伊尔达·格拉斯戈，婚前姓氏里奇曼，1913年12月22日出生于纽约市布鲁克林区。她的父母拉扎尔（Lazar）和西尔卡（Cilka）均出生于乌克兰基辅南部的一座小城，后来移民到了美国。

19世纪和20世纪的交汇期，美国经历了一次大规模的移民潮：更具竞争力的耕种方式让大量欧洲劳动力失去了工作，蒸汽轮船的问世也让人们以更低的成本、更快的速度出外远行。像其他很多人一样，伊尔达的父亲拉扎尔也想移民，梦想着从中找寻新的机会。但是全家来到纽约，住了一年之后，西尔卡开始想念自己的国家。于是他们又回到了乌克兰，可惜一到那边，伊尔达的母亲就觉得自己错了。

他们重新动身返回了布鲁克林，西尔卡领着刚会走路的大女儿托比，肚子里还怀着第二个孩子。无论从哪方面看，西尔卡的这个决定都显得至关重要，对于她后来的子孙后代的人生轨迹也产生了重大影响，因为大屠杀❶让她留在乌克兰基辅郊区的好几位家人都送了命。

在乌克兰，西尔卡失去了两个儿子，这些不幸让她久久不能释怀。这就是她起先对移民犹疑不决、继而又想返回故土的原因，她有一点像是要回来寻找自己思念的东西，可是真的回去了，却发现这个东西她永远也找不回来了。

返回美国后，托比患上了阿米巴痢

---

❶ Holocauste，系指第二次世界大战期间德国纳粹对犹太人的大屠杀，仅1941年8月28日，在德国占领下的乌克兰即有23000名匈牙利籍犹太人遭到杀害。

疾，差点死掉。西尔卡心急如焚地守着她，下定决心，只要托比逃过此劫，就给两个儿子把丧事办了。

1908年，托比接受了一次全身换血，这次输血救了她。一年之前，人们就发现，只要输入同型血液，就会获得更好的疗效。血型是在1901年被发现并被划分成不同类别的。这次治疗很可能是最早一批血液输入成功案例中的一例。托比不仅彻底康复，而且连最轻微的感染都再没受过，连一场普通感冒也再没得过。

西尔卡没有食言，她摆脱了此前的悲痛，开始把托比当作被神治愈的孩子来抚养。她最终养育了四个女儿：托比、李、伊尔达和佩丽娜。

老四佩丽娜的名字还是托比起的，她深受全家的宠爱。但老大却多少显得有些不合群。她虽然年龄比几个妹妹大了很多，但性格却很粗暴，就因为曾经得过一场大病，而她本应承载起那位失去两个儿子的母亲的全部希望。伊尔达的生日与托比赶在了同一天，这让做大姐的心中升起了一些说不清的怨气。不管怎么说，她的三个妹妹——包括伊尔达，越来越不把她当回事了。

夹在"中间"的两个姐妹伊尔达和李终其一生都保持着同盟关系。伊尔达的父母在纽约干得十分辛苦，俩人的工作都要求他们充分发挥自己的创造力。

拉扎尔自己开了一间珠宝店，后来又成了一名钻石商，并且在市中心一带与西尔卡的哥哥开始合伙经营。伊尔达没事就爱往珠宝店跑，因为她父亲允许她玩耍那些半宝石。她对那种亮晶晶的色泽赞叹不已，就喜欢到店里"帮忙"，摆弄宝石，

少女时代的伊尔达

把它们分门别类。

西尔卡则拥有并管理着好几家女士制衣店。她的思想一直领先于时代，坚信女人也拥有上班的权利。每逢周末，都是拉扎尔带着女儿们外出，做母亲的依然在忙着打理自己的生意。

西尔卡不愧是一个熟练的裁缝，随着孩子们一天天长大，她也不停地在给她们做着漂亮衣服。一面是拉扎尔的珠宝，一面是西尔卡的服装，除了从父母那里感受到创作的热忱，伊尔达还从中学到了对设计品质的鉴赏，孩提时代过得十分浪漫。

1929年美国经济危机时，伊尔达刚满十六岁。像每一个人一样，里奇曼夫妇也不得不为活下去而打拼，但在西尔卡对这一时期的记忆中，这段时间却并没有那么艰难。一想到所有人都坐在同一艘起伏颠簸的轮船上，生性乐观的她似乎就感到了某种安慰。那些年，她们家也像所有熟识的家庭一样，晚餐能吃上米饭和四季豆就已经很心满意足了。里奇曼夫妇幸运地保住了自家的住宅，尽管受了不少苦，但大萧条对他们的生意并没有造成太大的负面影响。

母亲的支持

刚刚步入青年时代，伊尔达就切实显现出了她的艺术天赋，于是母亲鼓励她学习插画。年轻的伊尔达选择了一所小型公立大学——好歹还能上得起。西尔卡凡事都要让她的孩子做到最好。不管怎么说，他们毕竟住在时尚产业之都纽约，这里有全国最好的插画学校。伊尔达上的就是"普拉特学院"（Pratt Institute）。西尔卡不接受任何退而求其次的选择。

每季度学费25美元，危机时期想凑齐这笔钱并不容易。里奇曼家想方设法交上了学费，把伊尔达送到"普拉特学院"读书的同时，这个家庭也就把她送入了达成其终极目标的轨道。几个女儿当中，她恐怕也是唯一有工作的一个。生活困难的那几年，尽管西尔卡继续给家人裁着衣服，伊尔达依然记得自己每天都穿着同一条连衣裙去"普拉特学院"上课。她认为与学画的目标比起来，这权当是个小小的牺牲。她周围的所有人都跟她处境一样，而穿旧了的校服丝毫不能减退伊尔达的学习热情。这位年轻女性的个性无人能及：旁人的意见根本左右不了她，何况是关于衣着这样的小事。这位布鲁克林少女虽然终日装束不变，但最终却通过投身纽约时尚最迅猛的发展大潮养活了全家人，说来不无讽刺意味！

1933年，获得"普拉特学院"的毕业证书后——此时正值大萧条的鼎盛时期，伊尔达便开始考虑日后职业的收益性。

事实上，一走出校门，她就遇到了找工作的困难——时局艰难。一时气馁之下，她告诉母亲，自己想去伍尔沃斯超市当一名收银员，以在这种困难时期给家里的财务作一点贡献。西尔卡很不乐意听到女儿的这番话。她不仅坚信女人拥有从事理想职业的权利，而且对自己的女儿和她的才能也充满信心。

"你有天赋，今后肯定前程似锦"，她一遍一遍地告诉女儿。

这句话又一次证明，作为那个时代的女人，特别是作为一个移民，她的判断有多么超前。如果当母亲的都能像西尔卡·里奇曼，不难想象美国将会产生多少优秀的青年才俊！

按照母亲的要求，伊尔达不停地在城里向人展示着自己的作品集，并最终找到了愿意出钱的买主：《时尚》（*Vogue*）杂志以十美元买下了她的第一幅速写——在当时那种情况下，特别是对一位年轻女性来说，这次买卖算得上是一笔巨款了，何况还是经济危机闹得最凶的时候！尽管那段时间十分艰难，伊尔达还是为自己的画作定出了十美元的报价，相当于今天的200美元。

不出所料，西尔卡开始欢呼："看见了吧？听我的没错。你当初还想到伍尔沃斯打那份一周七美元的工！"有这么一位多少有点主见的犹太母亲，有的时候也不是什么坏事……

年轻的插画师

从"普拉特学院"毕业以后，伊尔达成为一名以插画为职业的新手，同时，每天晚上还要到纽约的另一所艺术学校，即著名的"艺术学生联盟"进修。里科·

利布朗（Rico LeBrun）、乔恩·科尔比诺（Jon Corbino）和比尔·麦克纳尔蒂（Bill McNulty）都担任过她的主课老师。置身于著名艺术家和未来才俊之中的她又在那里结识了贝尔纳·格拉斯戈（Bernard Glasgow）。1933年，他们开始频繁交往，并且像艺术家们经常出现的情形一样，彼此产生了强烈的好感。只是，在恋爱初期，贝尔尼❶却经常让自己的姐姐雷伊陪在身边。尽管雷伊后来成了伊尔达的挚友，但伊尔达还是明确告诉贝尔尼，为了两人关系的顺利发展，她坚持要和他单

---

❶ Bernie，贝尔纳的昵称。

二十岁的伊尔达

伊尔达与丈夫贝尔纳，摄于1950年

独相处。虽然只有20岁，但伊尔达已经养成了不打算隐瞒自己观点的性格。

开始单独接触以后，俩人的感情迅速升温，很快演变成了爱情。最重要的是，俩人彼此都很欣赏对方的才华。

伊尔达同时为自己的事业打着基础。继最初与《时尚》达成卖画交易之后，她开始为儿童书籍绘制插画，主要客户包括杜布尔莱与杜朗（Doublerai & Douran）、阿尔弗雷德·A.克诺夫（Alfred A.Knopf）以及弗雷德里克·A.斯托克斯（Frederick A.Stokes）这几家出版社。作为毕业于"普拉特学院"的新锐，她以娴熟的技巧分毫不差地满足着客户的期待。

美国还在从股票暴跌以及随之而来的大危机中缓慢复苏，但伊尔达却经常能够成功地揽到生意。

贝尔尼则精心培育着自己的美术情怀。他既是一名才华横溢的画家，也是"艺术学生联盟"的老师们最看好的学生之一。1938年，伊尔达和贝尔尼这两位各自在不同绘画媒介上绽放光彩的艺术家结成了夫妻。

在时尚领域占有一席之地

进入20世纪40年代，伊尔达又回归到她最初的爱好，也就是让她在《时尚》杂志取得第一次胜利的爱好，放弃儿童书籍插画，改画时尚插画。她不仅对服装局部很有感觉，而且对表现面料质感也很有天赋。

在摄影应用于该领域之前，想通过素描向客户展示比方说裘皮与粗呢之间的差别绝非易事。伊尔达几乎一上来就为服装赋予了生命，不仅重现了衣服的形态，而且还让人感觉到了它的厚重，想象到了摸上去的手感。

20世纪40年代下半叶，人们迎来了第二次世界大战的胜利。这一时期，美国衰弱的经济开始重现活力，各种新面料不断涌现，国外的有才之士纷至沓来。种种事件让这段时间成为致力时尚产业不可思议的绝佳时机。大型百货商店倍受追捧，人满为患，特别是在曼哈顿。

众多客户中，伊尔达最为仰仗的还是第五大道上的那些大品牌，比如萨克斯（Saks）、邦威特·泰勒（Bonwit Teller）、B.阿尔特曼公司（B.Altman）、贝斯特公司（Best）以及莱恩·布莱恩特（Lane Bryant）。她同样也为梅西百货（Macy's）和金宝（Gimbles）工作。诸如杰·索普（Jay Thorpe）、甘特尔·雅克尔（Gunther Jackel）这样的专业商店不停地出现在她的订单簿中。

整个职业生涯中，她的作品上过多本杂志：《时尚》《十七岁》《魅力》《妇女家庭杂志》《妇女生活》以及《麦考尔》。

诸如埃文·皮科内（Evan Picone）、名利场内衣（Vanity Fair Lingerie）、上衣与克拉克纱线（Coats & Clark Yarn）等生产商同样也出现在了她的记事本中，包括多家纽约广告代理商。伊尔达算是在时尚界站稳了脚跟。为了让客户满意，她拼命苦干，最终赢得了他们长达30年的忠诚。

对于当时的插画师，有一件事值得一提：他们必须快速完成工作，因为他们要照着活人模特去画。后者必须保持十分难受的姿势，与绘制美术草图时所追求的通常更加放松的姿势正好相反。所以伊尔达只能努力快画，以为客户提供多种选择，同时还得尽量不让模特累着。然而，即便是这样的速写，如今也已经具备了艺术珍品的价值。无论勾勒廓型还是表现服装局部或质感，伊尔达驾轻就熟的技巧都展示出了她非凡的艺术才华。

伊尔达的成就

正如母亲西尔卡预言的那样，也正像母女两人所希望的那样，伊尔达所从事的职业为她带来了十分可观的收益。第二次世界大战期间，贝尔尼应国家征召服役四年。而伊尔达则回到了布鲁克林的父母家居住，同时一点没少地继续做着自己的工作。

战后，伊尔达和贝尔尼搬到了曼哈顿上东区的一所公寓里。当时，这里虽然已经算得上是个富裕街区，但景况仍然不如今天。由于富兰克林·D.罗斯福总统20世纪40年代推出的房租上限计划，格拉斯戈夫妇得以在这里一住多年。随着时间的推移，虽然这项计划一再作出修改，但伊尔达所租房屋的租金一直还算公道，毕竟他们所居住的城市是全世界最美丽的城市之一，又是在一个十分抢手的街区，而且住所宽敞得拥有七个房间之多。面对奢华生活的诱惑，贝尔纳和伊尔达很少放纵自己，但他们的日子仍然过得舒适开心。由于职业稳定，伊尔达贡献了绝大部分的房租，在那个大部分妇女都在当着售货员、小学教员或者公司秘书的年代——仅就上了班的女性而言，称得上是一项革命性的壮举。

贝尔尼继续作画。最初秉持现实主义风格，继而改为抽象主义。而伊尔达则以自己的艺术才华负担着两口子的生活，让丈夫得以与乔治亚·奥基弗（Georgia O'Keefe）以及同一档次中的其他画家一起在第五十七街画廊和布鲁克林博物馆进行作品展示。夫妻之间，贝尔尼一直被视为货真价实的艺术家，而伊尔达的素描作品则仅用于支付各种款项。

尽管对妻子大加鼓励，并且对她的职业印象深刻，但贝尔尼仍然时常居高临下，仅以一己之见对她的速写横加批评和评判。

大概很少意识到一个与他的绘画绝然不同的行当有着怎样的职业要求。伊尔达对贝尔尼的评判也是左耳朵进右耳朵出。

既然对自己的才能把握十足，而且对自己的成功信心满满，有什么非得在意贝尔尼的评价呢？当然贝尔尼还是很欣赏妻子的热心相助的。他们几乎每晚都要进城吃晚饭。"你整天工作那么辛苦，就不要再做饭了"，他总是这样告诉她。有了这份体贴，伊尔达要面对的唯一难题就是这份劳心劳力的插画工作了。广告商强加给她的约束很多，经常被迫绘制那些小得不能再小的画稿就是其中之一，她为此只能时时压制自己的创造力。真正对她的艺术表现力构成打击的就是这份挫折感，更不用说把自己关在公寓里，长时间地埋头画案，日复一日睡下起来、起来睡下的辛苦了。细细想来，她的一生恐怕过得相当压抑，而每晚与贝尔尼外出吃饭，不过是在终日强制性工作之余吸几口氧气而已。

"沃利之家"

话说回来，逃离这所兼作工坊的公寓，让自己稍稍放松一下的机会还是有的。不过，最能让伊尔达放松的地方还是"沃利之家"——一处介于莱克星顿与第三大道之间、地处44街的艺术家工坊。

遵循以工作换帮助的互惠原则，无论著名插画师还是刚入行的新手，都可以在这里并肩从事艺术创作，学习对方经验，结成互助关系，充实客户群体。即便是最优秀的艺术家，也难免有周转不灵的时候，而"沃利之家"却可以让他们得以在其他领域展示创作才能，为他们提供多样性的工作机会。

房东沃利太太话不太多，据伊尔达讲述，为了提示模特变换姿势，她每次都是一句简单的"劳驾，姿势"。每场速写，模特们都要摆四组姿势，每组短则五分钟，长则20分钟。伊尔达的部分最漂亮的素描就来自"沃利之家"的速写现场。很难想象如此精品只是在短短20分钟里完成的！

不管怎么说，"沃利之家"充满了生机，让曼哈顿的插画师和模特们得以一时摆脱持续工作的单调。有时候，如果有搞摄影的前来搅局，艺术家之间就得拉足架势展开竞争。不过，他们的关系非常融洽，伊尔达在这个小团体中交到了好几位毕生挚友。

模特生涯

对插画师来说，"沃利之家"堪称能让他们找到新的灵感启发者的理想场所。伊尔达就在这里结识了年仅17岁的劳拉·

米勒（Laura Mueller）。劳拉为她作了好几年模特，并因此成为他们夫妻的好朋友。劳拉与伊尔达时常一边上工一边聊天，干完之后再与贝尔尼汇合，一起去城里吃晚饭。

与大部分人对这一行的看法正相反，为插画师当模特没有任何值得夸耀之处。这份工作很不好干，对体力和耐力都有很高的要求，鉴于广告公司的硬性要求，以及当时尚显粗浅的图像排版处理方式，模特们经常会被要求摆出一个很别扭的姿势，然后长时间保持一动不动。为的就是能在被人限定的空间里占有一席之地。

这些女性不需要多漂亮，但身体条件一定要好，既机灵又小巧。为什么要小巧呢？并非像我们今天所了解的那样对模特职业有什么体重要求，而是为了图方便，一再压缩的纸页空间要求模特的廓型必须小巧。既然是以素描为表现形式，那就随时可以用填充物营造丰腴形象，或者模拟出某条曲线效果。还可以画上鞋跟以增加模特身高。在纸质载体上，插画师可以自己动手修改模特形象，与今天的平面设计师用Photoshop软件对图像进行加工略有异曲同工之妙。这样一来，身材小巧的模特不仅可以占据有限的广告空间，而且可以表现儿童服装。

劳拉每小时可以挣到两美元，这个价格在当时已经相当体面了。她把钱都花到了在布鲁克林大学的功课上。这个行当的竞争不算太激烈，做这份工作不仅要求精力十足，而且有时还得乘坐公共交通工具穿越整座城市，以按插画师规定的时间赶到工作现场。

按照劳拉的说法，那几年里，真正够格的模特只有五位。其中两位是专业舞蹈演员，如果有需要，可以毫不费力地扭曲自己的身体。另有一位学美术的就喜欢看

画案前的伊尔达

插画师画画儿，自己交钱参加每场速写。有一件事再一次吸引了劳拉：从事这一职业，她不仅可以完成大学学业，还能补贴自己在曼哈顿生活的所需费用。她最终喜欢上了这种生活方式。除了伊尔达，她还结识了多位饶有趣味的艺术家。据她自己说，由于每天都是一身高级时装，她的衣服耗损得比别人都慢。因此她的穿衣费用也节省了不少。

艺术家与模特之间的关系

伊尔达是劳拉认识的头脑最为清醒的素描画家，或许因为她敢于尝试，但同时也有务实和稳重的一面。出于这个原因，小姑娘把格拉斯戈夫妇家当成了自己的避风港。由于孩提时代的生活过得杂乱而悲惨，劳拉很敬佩贝尔尼、伊尔达以及他们女儿后来的那份从容。

一对一的工作——一小时又一小时，一天又一天，一年又一年——通常会在艺术家与模特之间建立十分稳固的

伊尔达与女儿丽兹

相互联系：按照她们当中大部分人的说法，特别是雷诺阿（Pierre-Auguste Renoir，1841—1919）的模特们，那是一种基于热爱结成的关系。

理论上，这种带有感情色彩的工作关系阐释了"给予"与"获得"之间的完美平衡。艺术家与模特之间必须建立彼此之间的默契与感应，以便后者能够拿出自己的最佳状态，并能推测出——尤其是在时装画这一行——如何在必须完成的任务中为插画师提供最大的帮助。

画家们深知什么样的模特该穿什么样的服装。而后者也很清楚她们的雇主有着什么样的弱点——比如有人就不擅长画手，并因此摆出相应的姿势。

劳拉很喜欢看伊尔达作画，甚至把她的画稿形容为"魔幻之作"，因为伊尔达以无可争议的迷人笔法为模特和服装赋予了生命。劳拉终于摸透为什么那些时尚杂志和大牌商店如此频繁地求助于伊尔达：没有任何画稿像她的作品一样能让相关服装卖得那么好。

除去画家的身份，令劳拉敬佩的还有伊尔达的人品。她把伊尔达描述为"那个时代的非凡女性"，总是连续数小时努力工作，而且从无怨言，而她本可以成为一位人所共知的著名艺术家，尽管她不得不把自己关在一所小房子里埋头苦干。伊尔达只做自己分内之事，从来不会超出客户所要求的范围。尽管追求虚荣在她的同辈人当中是那么普遍，但她却丝毫不讲虚荣，并且力戒自己陷入过度膨胀的野心不能自拔，或者走入极端。她只把客户希望得到的呈现给他们——绝不会多，当然也绝不会少。

伊尔达称得上是劳拉所认识的最明智的一位：处事精明，待人和善——从来不会惹人生厌。在她的记忆中，伊尔达还是一位思维活跃、风趣诙谐的女性。毫无疑问，她俩的关系情深意切，有点类似一个大姐姐和一个小妹妹，或者一个姨妈和一个最受她疼爱的外甥女。

伊尔达确实喜欢与模特们一起工作：她和每位模特所进行的交流、所保持的关系都因人而异。她也经常请求年轻舞蹈演员埃米莉的帮助。伊尔达很欣赏埃米莉的运动员气质，对一位住在纽约的舞蹈演员的打拼经历和多变的日常生活十分着迷。她随时随地与这些女孩子展开讨论，慢慢加深了对她们的了解，大家干起工作来也更加愉快。她们生怕关在上东区公寓房间里的她会情绪发狂——按照纽约的标准，房间大概还算宽敞，但她一天当中的主要时间都是在这个被压缩的空间里度过的。除了跟她山南海北地聊天、陪她一起工作，与她分享友情，模特们还让她瞥见了不同风格的生活方式和人物个性。

掌握新艺术，学习做母亲

伊尔达和贝尔尼很快作出了不要孩子的决定。两人都满足于放纵不羁的生活，除了艺术创作就是外出消遣，一开始他们真没觉出生养孩子的必要。

然而，结婚20年后，伊尔达却宣布，她感觉自己已经做好准备，打算冒险当一回母亲。这一年她已满44岁。

如今，随着人类寿命的延长以及各种生育辅助手段的问世，40岁以后才做母亲的事例并不罕见。话虽如此，但35岁分娩就算"晚育"——甚至还被列入了"老年医学"的范畴，让人听起来更加不是滋味。

20世纪50年代，过了35岁再要孩子已经属于例外，更不用说44岁才生育了！这是伊尔达作为先行者而扬名的又一项壮举。当愿望涌起时，她还是很善于听从内心深处的声音的。她在一个由男人引导、由同样身为男性的艺术家所培育的产业中奋力开辟着自己的道路。同样，不管是医生的嘱咐、风险的提示还是即将到来的绝经，她都不放在心上，打定主意要当一回母亲。就连一贯思想前卫、从不拘泥传统的贝尔尼也只有同意的份儿。

一开始，伊尔达怎么也怀不上。她接受了在当时能找到的各种最不寻常的治疗，所有例行检查一项不落地做了一遍，最后的结论是再无任何计策可施。她打算另辟蹊径。于是，生性乐观、敢想敢干的她投入了一场新的冒险：奔赴墨西哥！贝尔尼和她买了一辆汽车，做着出行的准备。

然而，他们一直没能亲临这个国家一探究竟，因为伊丽莎白·南·格拉斯戈就在1958年这一年出生了，大家都习惯叫她那个暖心的名字丽兹。她是在伊尔达还差

几个月就年满45岁时来到这个世界的。再说一遍，20世纪50年代，这样的事情还是很不寻常的。

随后，当被问及以年过40的高龄而身怀六甲是否令她心慌意乱时，她回答说："什么事都没有。我就知道肯定会一切顺利。"

不管是顺境还是逆境，不管机会有多难把握，也不管愿望有多难实现，这位女士所表现出来的自信与洒脱总是那么令人敬佩。她知道自己想要什么，也清楚自己能做什么，所以总能达成目的。

她做母亲也像做其他事一样：总是欣然而为。

伊尔达绝对是一个出色的母亲，而贝尔尼也是一位充满爱心的父亲。尽管如此，降临到格拉斯戈家的这个盼望已久的小女儿还是让夫妇俩的工作与生活多少乱了一些阵脚。

伊尔达告诉贝尔尼，现在轮到他上班挣钱了，这样她才能抽出更多时间照顾

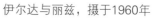

伊尔达与丽兹，摄于1960年

婴儿。他虽然满口答应，但这样的角色转换还是让他一时难以适应。作为一名艺术家，画画对他来说如同呼吸一样重要，可以消除他的饥渴。如果说，他也认为女儿最好能受到母亲无微不至的呵护，那么，放弃自己一直享有的充分创作自由还是令贝尔尼痛苦难耐。

好在，他并不需要完全割舍自己的艺术创作：有人推荐他出任了麦迪逊大道上一家大型广告代理公司的艺术总监。

1960年，他始终没有放下自己的绘画事业。而他的创作也随即在公众中引起了良好反响：尤其是在他去世之后。最后，他的油画至少卖出了7000美元，而巴比龙画廊也在洛杉矶对他的作品进行了充分展示。

时尚插画业的变化

直到丽兹出生之前，20世纪50年代称得上是伊尔达最好的十年。甚至可以说，她有意选择了事业的高峰期来生孩子，就像她之前的那么多女人以及今天成千上万的女性一样，她也一直在要孩子的愿望和挣钱养家的冲突之间拼命寻找着平衡。当了母亲以后，她一直在努力协调职业需求与家庭生活之间的平衡。

尽管贝尔尼为了让她照顾女儿而找了一份工作，伊尔达还是继续签署着为别人提供画稿的工作合同。丽兹满了三岁以后，她又实质性地增加了自己的工作内容，只是再没达到女儿出生之前她所习以为常的那种工作量。

然而，转变航向、改作母亲确实是她精打细算的结果，因为从20世纪60年代初期开始，时尚便进一步偏重摄影，插画——除非用于服装设计——变得有名无实。在这种艺术形式彻底消亡，以及由此

引发的伊尔达第一份职业终结之前，丽兹便成了曾在素描创作现场亲睹母亲工作的权威见证人。

丽兹对那些模特记忆犹新：她们赶到现场，换好衣服，以神奇的装束重新露面，与她的母亲谈笑风生。

一天下午，因为痴迷于伊尔达的工作，丽兹决定用自己的笔法为当天的画稿增添一些色彩——她用的是红色钢笔。伊尔达的反应出奇的平静：她紧挨着自己的画案加了一张小桌子，摆上画纸、铅笔和毡笔。尽管有可能损失了一天的工作成果，但伊尔达理解并欣赏女儿模仿自己的心愿。从这一天起，母亲和女儿开始并肩作画，至少到时尚产业全面转向摄影之前都是这样。

另辟蹊径

伊尔达从不缺少灵感，又为自己的绘画寻找到了新的用途。在她很小的时候，就特别喜欢给纸娃娃搭配衣服，于是，她开始设计服装。

最初，只是一种简单的消遣：她细心地画出廓型，再配上合适的服装，然后，再自己动手做成漂亮的纸样。这些纸样她几乎都是应别人要求而做的，不是做给丽兹的朋友就是做给这个大家族为数众多的小女孩们。到最后，她索性开始出售裁成大张纸页的设计概念。把主要人物放到居中的位置，四周则是各种服装与配饰。最后的作品是用来钉到墙上还是做成纸娃娃，则要由她的邮件收货人自己来决定。

这些娃娃画无不表现出生活的喜悦与人物的天真烂漫，这是她在整个职业生涯中一直隐而未发的一种情怀。伊尔达不仅使用十分鲜艳的颜色，而且总是呈现不同的时代背景与人物形象：文学作品中的女

主人公、狂欢节上的人物，甚至还有小说《爱丽丝漫游仙境》中的人物，以及其他小说人物。丽兹清楚地记得，在华盛顿的美国国家历史博物馆——就在史密森尼博物院，伊尔达决心以第一夫人们为题材创作一组娃娃像。小姑娘一直在观察，母亲如何拿着速写本和铅笔，描绘着橱窗里第一夫人参加就职仪式时穿着的长裙。

不管怎么说，俯就了几十年唯顾客之命是从的工作方式之后，如今的伊尔达开始体验"娃娃"时代的创作自由，继续着她的绘画生涯。这才是属于她自己的选择——任选颜色，任选服装，构思与创作。而且，就像每一次一样，这一次，她依然在艺术道路上收获了成功。

以狂欢节为题材的纸娃娃

伟大的新思路

伊尔达终于迎来了20世纪70年代，也迎来了自己插画生涯的终结。出于对创作的热爱，她开始投身于十字绣，最初的想法就是把贝尔尼的油画搬到十字绣花布上。于是以丈夫的作品为原型，伊尔达自己动手一幅接一幅地缝着十字绣，然后制作成十字绣靠垫和装在镜框里的十字绣挂画，把上东区的公寓都塞满了。

同样，她把原来裁好的纸娃娃也做成了这种业余爱好的新形式——这也是她根据时下流行趋势为朋友们制作原创礼物的一种方式。雄心不减当年的她始终不打算让自己闲下来，决心在这条新的探险之路上走得更远。在姐姐李的帮助下，伊尔达制作了很多成套十字绣作品，拿到周边的手工艺品集市出售。比以往任何时候都更具艺术家风范的伊尔达先画出原创形象，然后，姐妹俩再把这些设计印在绣花布上。这些布料都会装到盒子里，再配上用于缝制十字绣的各色棉线。成效立竿见影！

这项针对手工艺品集市的计划很快转化成了一家公司："创意工厂"。随着公司的建立，贝尔尼以及李的儿子吉姆也加入了这对姐妹组合的行列。包装与发货就在李家位于新泽西州森登市尚未完工的地下室里进行。伊尔达不断绘制着圣诞节装

伊尔达与丽兹

着形势的发展。如果有一扇门关闭了，她就会欣然敲响下一扇门。

一度红火的十字绣生意最终停下了发展的脚步，而不知疲倦的伊尔达当然又为自己琢磨出一个新行当。尽管她们的企业随着李的去世而于1984年关了门，但伊尔达依然长时间地继续为周围的小孩子们制作着"创意工厂"积木。

母亲的鼓励：第二幕戏剧就此开场

伊尔达很早就发觉了女儿的艺术天赋——大概就是在她三岁那年用鲜红的颜色为母亲的画稿加上自己笔法的时候。小家伙骨子里就是个艺术家，凭借出奇的好运，得以在一个不仅看重艺术表达、同时还能凭借自己的创作支付家庭开支的环境中长大。这样的家庭从来不缺少毛笔、钢笔、十字绣和照相机。丽兹先是穿上裙衬，跑到伊尔达为模特们准备的小舞台上尝试戏剧艺术……然后，再坐到母亲身边画起了自己的油画。

除此之外，格拉斯戈夫妇身边也不乏搞创作的朋友——有伊尔达的模特，有贝尔尼的同事，有精通表演的艺术家，也有住在纽约的作家。

丽兹最后对摄影发生兴趣一点也不奇怪，这也是她父亲的业余爱好之一。

可以说，伊尔达作为插画师的成就部分地得益于她的母亲，而丽兹则更要感谢对她倾情支持的父母，是他们帮助她在自己的艺术天地成就了一番事业。

在新罕布什尔大学完成学业以后，丽兹又在曼哈顿的视觉艺术学院拿到了第一张摄影专业文凭。她一边学习一边开始了自己的自由职业生涯，并且像伊尔达一样，很快做到了顾客盈门。

饰、钥匙包、婴儿积木、儿童玩具汽车等各种小东西，继续维持着她非正式的设计师地位。

两姐妹在多本杂志上做起了广告，通过邮寄和进驻专卖店销售着"创意工厂"的商品。这是一项令人振奋的事业，不仅让大家忙得热火朝天，而且与年届60的伊尔达建立了紧密的联系。

尽管她的插画师生涯已属明日黄花，但伊尔达却依然忙忙碌碌。她很清楚到什么时候应该转变方向，也深知如何与时俱进。她每周都会捏着钢笔玩《纽约时报》上的填字游戏。她很喜欢和老朋友们长时间地品尝午餐，并经常会把一伙人领回家里，以便继续令她入迷的谈话，通常都是有关政治或艺术的探讨。

伊尔达既有人脉又通情理，既有现代思维又不随波逐流，总是游刃有余地顺应

专业于建筑摄影的丽兹开始向各大广告公司、杂志社和建筑事务所出售自己的作品。在纸和笔不得不退出历史舞台的当口，她在诸多领域接过了母亲的接力棒，这让伊尔达感到万分欣喜。把既富有才华又信心满满的丽兹送进艺术学院学习的时候，伊尔达肯定满怀感激地想到过西尔卡。要想在年纪幼小的时候实现自己的梦想，势必离不开父母的帮助。西尔卡的前卫思想及其对女儿的信赖延续了一代又一代：不仅是丽兹，就连里奇曼家族的其他女孩也都注定会从中获益。承蒙外祖母这位勇毅的乌克兰移民的恩惠，丽兹得以选择了一份从来不用担心赚不到钱的艺术生涯。

拉扎尔的遗赠

如果说，伊尔达·格拉斯戈曾经帮助丽兹达成了她的艺术家心愿，那么，她应该在相当程度上感谢自己的母亲。至于来自父亲的遗传，则在这位女画家投身于首饰设计时派上了用场。

时尚插画、儿童书籍插画、纸娃娃、十字绣，在伊尔达曾经钻研过的所有艺术门类中，首饰设计始终是她最钟情的一门手艺。她感觉自己血液里就流淌着对珠宝的喜爱。

说起里奇曼家族，经营珠宝生意已经由父子相传绵延了三代。据说伊尔达的曾祖父甚至曾经为俄国沙皇设计过一件首饰。

不管怎么说，揭开人生这段新篇章之时，伊尔达曾经师从多位最优秀的金匠。有了在时尚领域的多年从业经验，她对那些优质品牌企业一点也不陌生。她理所当然地选择了一位为蒂凡尼（Tiffany）设计首饰的女士作了自己的老师……

她专注地编织着极其精美的珍珠项链，同时精心制作着耳钉、手镯，一干就是好几个小时。她特意把工作台放到客厅，以便边看电视边工作。伊尔达最终找到了一种她仅仅出于乐趣而沉湎其中的艺术形式，同时把这种艺术做到了极致。尽管得自父亲的遗传，但珠宝加工却让她获得了无以复加的幸福感。她的首饰虽然行销多家商店，但最主要的是，制作这些珠宝不仅让她感受到快乐，而且把她带回到了在父亲珠宝店玩耍半宝石的那段时光。伊尔达既喜欢购买又乐意摆弄宝石。她拥有数千块宝石，按照颜色、形状、大小分门别类放在托盘上或装在抽屉里。如此一来，她艺术生涯的循环便已臻于圆满：从在父亲的存货中选取宝石，直到形成自己宽泛的首饰系列。即便是1986年丈夫离世之后，她也依然继续着这项她所钟爱的工作。

在伊尔达生命最后20年里，与她相识的多位友人都曾有幸在不同场合获赠她制作的首饰。她很乐于为自己所爱的人设计这些独一无二的珍宝，因为在制作这些首饰的时候，她的心里就一直牵挂着他们。

搬出纽约

与伊尔达同一天出生的托比，既是大姐也是伊尔达的姐妹里一直活到1997年的最后一位。在两人的丈夫先后去世后，便开始了更加频繁的会面。尽管从儿时起，七岁的年龄差距一直没能让她们形成过什么情投意合，但随着家庭成员的逐渐减少，两人彼此之间逐渐有了默契，时光流逝，这种默契演变成了真正的亲情。

托比刚刚搬到费城大教堂村的一处老年公寓。伊尔达经常去看她，随着时间的推移，她也在这里交上了几个朋友。作为

87岁的伊尔达

一个热情而健谈的女人，伊尔达很容易就能跟人熟识。于是她自己也打算搬到大教堂村，但一开始只把这个念头藏在心里。伊尔达是一个彻头彻尾的城里人，从小在布鲁克林长大，随后在曼哈顿生活得十分富裕，守着当画家的丈夫、让她离不开的女儿、有趣的朋友以及一份前卫的职业。她一直在城里最抢手的街区之一以公道的租金住着一所拥有七个房间的公寓。一出门，到处都是博物馆、商店和餐馆。但她终究还是放弃了这一切，在姐姐托比身边度过了生命中的最后几年。

一向善于应变的伊尔达出色地适应了她的新生活，成为大教堂村里最受人们喜爱的住客——这很可能时常令托比心生悔意。伊尔达在这个新的群体中如鱼得水。除了吃饭、喝咖啡和其他交流机会，她还举办艺术讲座，并在社区月报上发表自己的画作。她当上了公寓礼品商店的负责人，负责商品采购，这事她最爱干。84岁的她居然再次燃起了激情！商店的营业额比前些年显著提高：这主要得益于她对时尚的了解以及独到的艺术眼光。该采购什么样的商品，伊尔达知道得一清二楚。她总是兴致盎然地前往礼品批发商的展示会。而且，正是这项事业富于创造性的一面让伊尔达干得心满意足。此外，她也会充满自豪地在橱窗中展示自己亲手制作的礼品。

伊尔达就是在大教堂村与作为时装插画师的过往重新结下不解之缘：她还在当地的艺术品集市上展示了自己所有的作品图片。她在这里受到了热烈欢迎，给大教堂村的朋友们留下了深刻的印象。她们不仅欣赏她的创作风格，而且，那些描绘时过境迁的流行趋势和其他经典款装束的速写也勾起了她们对过去时光的美好回忆——有对1929年经济危机以及第二次世界大战期间的谨慎乐观，有对大型百货商店的无上自豪，还有对摄影术问鼎时尚界之前那些文字广告的深切怀念。

传为佳话的谦逊美德

2004年伊尔达去世时，许多人都参加了哀悼她的宗教仪式：不仅有大教堂村的众多好友还有她从前的同事，成群结队来自纽约的仰慕者也前来送行。所有曾经结识伊尔达的人都对她留下了饱含深情的回忆，在他们的描述中，她既热情、真诚、活泼、乐观，又坚韧、完美、聪慧、风趣。作为一个逃过大萧条的幸运儿、一个人所共知的移民者、一个爱女心切的母亲和一个超级时尚迷，伊尔达称得上是一位不折不扣的人中楷模。

尽管她成功开启了好几扇众多同龄女性压根不敢叩响的大门，但她依然表现得出奇地低调。她只做自己想做的事，而且答应做成就一定会做成。不拘一格的她也曾在一次考究的晚宴上穿着极其随意的西裤套装亮过相……要么就是反其道而行之，在参观布朗克斯区动物园时戴了一副白手套。她曾经由着自己的兴致乐享生活，该说话的时候绝不欲言又止，但除此之外，她同样专注于自己的事业，在此项或彼项领域中成功地完成了自己的创作与设计，而且至死不渝。

白柜子

在伊尔达的工坊，除了她自己的画案、丽兹的画案以及模特们的小舞台，还有一只白柜子。她在这只带抽屉的家具里存放着她的大部分速写画稿、作品集以及自用的绘画工具。

孩提时代，每当需要翻找剪刀、纸张、胶水或者照相机时，丽兹总会听到这样的回应："在白柜子里呢！"

就在伊尔达的插画师生涯走到终点时，这只小柜橱也收藏了"创意工厂"的多样宝贝。她总是把她画得最好的素描收在里面，最后，还会藏入自己最喜欢的珍珠。伊尔达搬到大教堂村后，这只白柜子随即被挪到了丽兹位于长岛的家中。

在费城参加完展览后，所有速写图都在丽兹家这只神奇的柜橱中找到了归宿——这件办公家具变成了居家家具，里面存着她毕生的作品。

2010年，就在伊尔达去世将近六年以

伊尔达和丽兹，摄于1992年

后，丽兹突然觉得有必要面向全世界拉出这件家具里面的抽屉，向广大公众展示母亲数量惊人的插画作品。

"白柜"（"白色柜橱"）——丽兹的公司——就此诞生。集30年浸淫于专业摄影领域的经验，丽兹准备把伊尔达的所有速写画稿都翻印成精美的复制品。公司名称也好，相关网站的域名也罢，不过是如实反映了沉睡在纽约公寓中那些经由灵感创造出来的奇迹而已。这么多年过去了，是时候让这些珍贵的素描重获新生了，哪怕只是用虚拟的方式。

收到第一批订单时，丽兹高兴得跳了起来。人家订的可不是一套，而是两套复制品！

第二笔生意接踵而至，这一次，丽兹不由得大吃一惊：美国著名服装设计师麦克尔·柯尔（Michael Kors）居然向她预订了一套复制品！在纽约度过童年时代的柯尔是一位模特的儿子——他母亲会是伊尔达的模特吗？答案恐怕永远无从知晓。

能够获得如此认可，始终令丽兹兴奋不已，开办企业的理由得到了进一步巩固。她的母亲已经被推上了"名副其实"的艺术家宝座，这恐怕是始终活在贝尔尼阴影下的伊尔达从来没敢想过的事情。

每天早晨，丽兹都是带着从来未曾体验过的热忱与激情从睡梦中醒来的。她坚持不懈地发掘着伊尔达绘制的"美图"，一幅接一幅地把它们的复制品推向互联网。为此受到伊尔达的模特、家族中的女性、各位亲朋好友甚至电影明星的启发，她为这些美图逐一编了故事、起了名字。赛德、劳拉、波比和丽塔等名字就此诞生。丽兹甚至给其中一幅取了个西尔卡的名字，以此纪念那位做过移民、裁过长裙、坚信自己女儿真才实学并注定在艺术生涯中获得成功的外祖母。

发表在杂志和博客上的文章让公司赢得了声誉。马里奥·托马斯（Mario Thomas）的网站上甚至还专门辟出了一个专栏，后来被《赫芬顿邮报》所取代。看来此时真是个推出这类项目的好时机——无论对伊尔达还是丽兹都类似于第二幕戏剧开场，作为艺术家，两人都属于在长达30年的时间里辛勤工作的女强人。

随着"复古"用品对消费者吸引力的不断增强，"白柜"的规模日益扩大。丽兹开始与装饰企业"弗莱沃纸业"合作，生产一种彩色纸张，配有伊尔达的三十幅经典图画，命名为"致美"，极具怀旧情结。

这项温情脉脉的合作不仅渗透着丽兹对亲爱的母亲的深切思念，而且进一步昭示她开发出了这份遗产的其他用途，特别是记事贴与礼品纸的设计。2012年，她所设计的配有伊尔达速写图的包装纸在纽约全国办公用品交易会上被评为"最佳新产品"，引起了这一产业多家代理商的极大关注。总部位于田纳西州纳什维尔市、专精于"复古"风格的"海斯特与库克设计集团"公司，于2013年推出了自己的"伊尔达·格拉斯戈"系列产品。时至今日，有500家商店都在销售配有她的插画的各类用品。因缅怀自己深爱的母亲而起始的这项事业，如今却成了年过50的丽兹的第二职业。

"白柜"的尝试完美地回应了伊尔达的一生。这家小公司让人从不同角度想到了曾经在大萧条时期养活了拉扎尔一家的几位女性，也想起了西尔卡·里奇曼。这个项目同样再现了伊尔达作为插画师的精纯才艺，并进而展示了来自一位母亲的启示与支持，能够把一项事业推进到何种程度——充分彰显了隔代传承的成效。西尔卡曾经鼓励伊尔达走自己的路，伊尔达曾经支持丽兹实现自己的抱负，如今，丽兹又通过"白柜"讴歌了母亲的作品。

这项事业的成功首先表明，丽兹在自己身上有机地复活了伊尔达·格拉斯戈的那种精神。像母亲曾经的经历一样，通过各种途径，把握各种机遇，时隔多年以后，她重新界定了自己的人生。

珍·维特

19世纪40年代

19世纪50年代

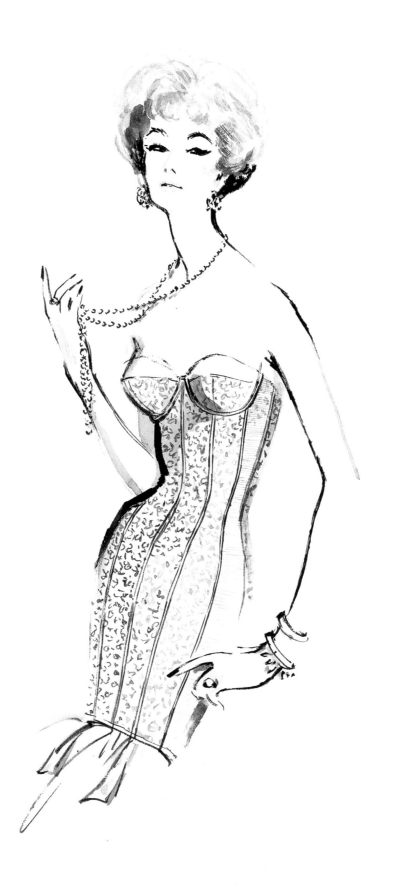

19世纪60年代

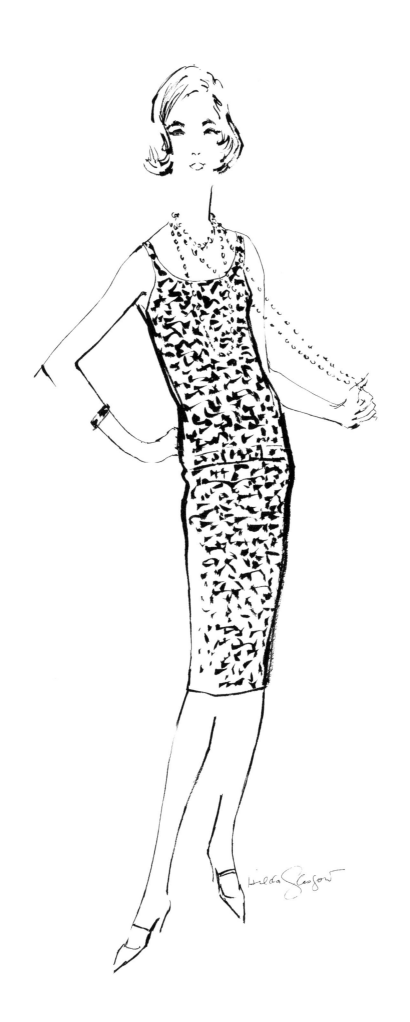

19世纪70年代

插画目录

除去创作年代，每款样衣都带有丽兹·格拉斯戈为纪念家族女性、母亲伊尔达的好友或者后者喜爱的女星而起的一个名字。

1940

Toni, 1944.　　　Elaine, 1942.　　　Kat, 1942.

Heddy, 1940.　　Issy, 1943.　　Bev, 1942.　　Greta, 1947.　　Franny, 1943.　　Ivy, 1946.　　Eve, 1947.

Sadie et les enfants, 1945.　　Mary, 1949.　　Clemmie, 1949.　　Yvonne, 1949.　　Ruth, 1949.　　Faye, 1949.　　Kay, 1949.

1950

Monique, 1954.　　Margot, 1954.　　Alessandra, 1957..　　Alice, 1955.　　Virginia, 1952.　　Angie, 1959.

Annette, 1959.　　Maria, 1953.　　Kitty, 1950.　　Katharine, 1954.　　Sheryl, 1953.　　Roxanne, 1953.　　Marilyn, 1958.

Phoebe, 1958. Sherry, 1953. Sophie, 1955. Rosemary, 1953. Zoe, 1959. Vicki, 1951. Suzy, 1956.

Sylvia, 1955. Vivian, 1957. Vera, 1957. Thea, 1957. Suzy, 1956. Perrine, 1958. Valerie, 1959.

Sandy, 1957. Sam, 1959. Paula, 1959. Toby, 1958. Mitzi, 1959. Robin, 1958. Natalie, 1959.

Bonnie, 1951. Ava, 1959. Chessy, 1955. Jeanne, 1954. Julia, 1954. Deirdre, 1959. Evie, 1954.

Gillian, 1959. Charlotte, 1956. Grace, 1958. Dot, 1961. Audrey, 1955. Doris, 1959. Chloe, 1955.

Emmy, 1957.   Gloria, 1957.   Eliza, 1956.   Leslie, 1959.   Flori, 1957.   Colette, 1958   Bridget, 1957.

Katia, 1959.   Betty, 1958.   Dianne, 1959.   Camille, 1958.   Cleo, 1959.   1960   Cyd, 1960.

Theza, 1964.   Gina, 1960.   Gigi, 1962.   Jackie, 1961.   Elizabeth, 1960.   Rita, 1960.   Holly, 1960.

Debbie, 1961.   Poppy, 1963.   Millie, 1961.   Marlene, 1961.   Amelie, 1961.   Gael, 1961.   Babs, 1962.

Sally, 1963.   Teddi, 1962.   Susanna, 1964.   Silka, 1964.   Taylor, 1963.   Frances, 1964.   June, 1965.

Nell, 1964.

Lisa, 1964.

Mae, 1964.

Honey, 1965.

Gael, 1961.

Coco, 1963.

Maxine, 1965.

Shelly, 1966.

Aline, 1965.

Krisy, 1967.

Jane, 1964.

Louise, 1966.

Mona, 1966.

Lee, 1964.

Michelle, 1967.

Laura, 1967.

Natasha, 1967.

Scarlett, 1967.

Sunny, 1968.

Lauren, 1968.

Carole, 1968.

Sara, 1969.

Ray, 1968.

Beth, 1968.

1970

Helen, 1971.

Andrea, 1971.

Ingrid, 1970.

Ruby, 1970.

Sierra, 1970.

Anna, 1974.

Nan, 1972.

Donna, 1973

照片提供方

Toutes les photographies de la biographie d'Hilda Glasgow
proviennent des archives personnelles d'Elizabeth Glasgow.
Tous les croquis sont la propriété d'Elizabeth Glasgow. Découvrez d'autres dessins
sur le site consacré au travail d'Hilda Glasgow : www.thewhitecabinet.com.

Photogravure : IGS-CP, 16 L'Isle d'Espagnac
Imprimé en France par Pollina-L69640
Dépôt légal : octobre 2014
315182/01-11028776-septembre 2014
版本备案：2014年10月